12歳からのインターネット

ウェブとのつきあい方を学ぶ36の質問

荻上チキ

はじめに

インターネットの世界にようこそ！

　はじめまして。僕の名前はチキ。この本を書いている僕は、君たちより少しだけ早くインターネットの世界を旅してきた。

　インターネットを使えば、世界中の人たちと語りあうことができる。

　文章や音楽を公開して、自分の考えを表現することもできる。

　百科事典《ひやつかじてん》のように調べものもできるし、買い物だってできる。面白《おもしろ》い動画《どうが》やニュースだって山ほどあるから、暇《ひま》つぶしにもピッタリだ。

　その便利《べんり》さからインターネットはあっという間に広がっていき、すでに僕たちの生活に欠かせないものになった。インターネットは、人と人、人と物、人と情報などをどんどんつなげていく技術《ぎじゅつ》だ。だからインターネットは、君にとって「ステキな出会い」をたくさん用意してくれるだろう。

　でも一方で、インターネットは「望まない出会い」を生んだりもする。

　ネットを使った犯罪が毎日のように新聞やテレビで報道《ほうどう》されているし、「ネットいじめ」や「学校裏《うら》サイト」などが話題になり、子どもがネットを使うのはどうなんだろう、という議論《ぎろん》さえおこっている。

　インターネットはこの世にあらわれて間もない技術だから、きちんとしたルールや環境《かんきよう》がまだできていない面があるし、失敗をしたとき助けてくれるはずの大人も、まだまだちょっと頼《たよ》りないからね。

　そこで、この本の登場だ。

この本には、パソコンやケータイの使い方じゃなくて、インターネットの世界の「安全な歩き方」が書いてある。つまり、インターネットでイヤな事故《じこ》にあわず、楽しい時間をすごすためのコツが詰《つ》まっているんだ。手にとった君は大正解。

インターネットの世界は、広くて、深い。でも、こわがることはない。

インターネットの歩き方さえ覚えれば、君はたくさんの有意義《ゆういぎ》な出会いに恵《めぐ》まれるはずだから。

それではさっそく、インターネットの世界の探検《たんけん》に出かけようか！

この本の登場人物

チキ　1981年生まれ。学生の頃からネットやケータイに親しんでいた最初の世代。この本の筆者。

シクミ　12歳の男の子。パソコンが大好きで、ゲームや動画に興味がある。

ワカバ　12歳の女の子。ケータイでおしゃべりやメールをするのが大好き。

CONTENTS

はじめに 02

第1章 12歳からのインターネット 09

Q1 インターネットってどんな道具? 12

Q2 インターネットをうまく使いこなすコツを教えて。 14

mini column インターネットはいつ生まれたの? 16

第2章 電子のお手紙 Eメールならではのルールがあるよ!の巻 19

Q3 そもそもEメールって何? 22

Q4 Eメールを利用するときに気をつけることって何? 24

Q5 「3日以内にこのメールを10人に転送しないと、不幸がおこる」ってメールが来た。どうすればいい? 26

Q6 チェーンメールを見《み》破《やぶ》るコツってあるの? 30

Q7 知らない人から「こんにちは」という件名のメールが来た。開いてもいい? 32

Q8 スパムメールの中に、“退会するならこちらをクリック”って書いてあった。クリックしたほうがいいのかな? 34

Q9 友だちからのメールにファイルが添付《てんぷ》されていた。すぐに開いてもいい？ 36

Q10 ウィルス対策はどうすればいいの？ 38

Q11 ウィルスに感染したらどうすればいいの？ 40

Q12 メールを送るときに、注意することってある？ 42

mini column メールでよく見る記号の意味 44

第3章 出会いの森 迷惑7人衆あらわる！の巻 47

Q13 インターネットにはメール以外に、どんなサービスがあるの？ 50

Q14 掲示板に悪口を書きこむ人がいる。どうすればいい？ 54

Q15 匿名《とくめい》でとてもひどいことを書きこんでも、怒《おこ》られないの？ 56

Q16 ネットで芸能人と知りあっちゃった！ 今度遊ぶ約束したよ！ 58

Q17 別人格を演じることは、悪いこと？ 60

Q18 さっきまで、荒らしをみんなが無視していたのに、急に同意する人が増えだしたよ？ 62

Q19 なんかネタっぽい人生相談を見つけたよ！ 64

Q20 同じような投稿《とうこう》を他のサイトでもたくさん見かけるんだけど？ 66

Q21 広告メッセージが大量に投稿されているんだけど？ 68

Q22 知ってる人の住所や本名が書きこまれている。どうすればいい？ 70

Q23 いつまでも僕の悪口を書く人がいる。どうすればいい？ 72

Q24 ネットって困り者ばかりみたい。使わないほうがいいのかな？ 74

第4章 つながりの市場 ネットでもお金と信頼は大事だよ!の巻 77

Q25 ネットの買い物で気をつけることは？ 80

Q26 クリックしたら「2日以内に6万円払わないと家に行きます」という画面が出てきた。払わないと捕《つか》まっちゃうのかな。 82

Q27 ワンクリック詐欺《さぎ》はどうやって見ぬけばいいの？ 84

Q28 「個人情報を取得しました」と画面に出てきた。どうすればいい？ 86

Q29 「有料サイト利用料金7万円を請求します。払わないと、ブラックリストに載ります」っていうメールが来たよ？ 88

Q30 「フィッシング詐欺」ってどんなもの? 90

Q31 その他にはどんなトラブルがある? 92

mini column インターネットってどういう仕組みになってるの? 94

第5章 語りの塔 君の発言で世界を変えろ!の巻 97

Q32 勝手に自分や学校のサイトをつくってもいいの? 100

Q33 学校サイトの管理で注意することは何? 102

Q34 動画共有サイトにはどんな動画を投稿してもいいの? 104

Q35 友だちとしたいたずらのことをブログに書いたら、怒った人たちからたくさんコメントが来た。どうしよう? 108

Q36 プロフには個人情報を書かないほうがいいの? 112

mini column インターネットは「心」を変える? 114

終章 旅立ちの日 一人旅のはじまりなのだ!の巻 117

保護者の方へ 122

第1章

12歳からのインターネット

第１章
ネットの世界の歩き方

「こんにちは、シクミとワカバ。二人は12歳だったよね。どうしてケータイやインターネットをもちたいと思ったの？」

「小学校を卒業したら、これまでの友だちと離《はな》れ離《ばな》れになっちゃうし、新しい友だちも増えるでしょ？」

「たしかにね。中学校に入ると活動範囲《かつどうはんい》が広がる。塾《じゅく》やクラブ活動でいそがしくなるしね」

「そうなの。友だちとの待ちあわせ場所について調べたり、連絡《れんらく》をとりあったり。何かとケータイは必需品《ひつじゅひん》なのよね。何より、みんなもっているのに、自分だけもっていないと困《こま》るわ」

「それもひとつの立派《りっぱ》な目的だよね。インターネットは人と人とをつなげる道具。『皆がもっているから』という理由は、『人とつながりたい』ということを意味しているわけだから、案外《あんがい》インターネットを利用する目的としてはまっとうな説明かも。シクミは？」

「僕はネット上で、好きな服とかドラマとか音楽とか、いろいろなことについて調べたいな。それに趣味があう人ともっと仲良くなりたいし」

「新しい友だちを増やしたいってことかな？」

「それもあるけど、サイトの話をしたり、ネット上でやりとりすることで、クラスの友だちともっと仲良くなれることだってあるんだよ」

「そういえばそうだ。とにかく、学校以外の場所でも友だちをつくれたり、さらに友だちとつながれたりする場所や方法がほしいってことだね」

「うん。そのうち自分でもサイトをつくってみたいんだ。仲間を集めて、部活の練習の相談をしたり、テレビ番組の話題で盛《も》りあがったり」

「あたしも、ケータイを使って、雑誌《ざつし》に載《の》っていたかわいい洋服を買いたいんだ。近くのお店にはないような、とてもオシャレなデザインのやつ」

「なるほど。やりたいことがいっぱいだね。もしかしたら二人は、ケータイやパソコンをもつことで、一歩オトナに近づこうとしているのかもしれないね」

「そうそう。ケータイやパソコンがあると、いろんなことができるようになるからね！」

「どんどん新しいことに挑戦するといいよ。もちろん失敗《しっぱい》もあるだろうけれど、そのたびにインターネットの世界の歩き方を覚えていくだろうから。失敗するのが不安で、君たちからインターネットをとりあげることは簡単だけど、それじゃあいつまでも成長なんかできっこないしね」

「だから早く、楽しむためのコツを教えてよー」

「OK。危《あぶ》ない目にあいそうになったら、ちゃんとそのたびに解説してあげるから安心しておくれ。それではさっそく、行ってみよー！」

Q1 

インターネットってどんな道具?

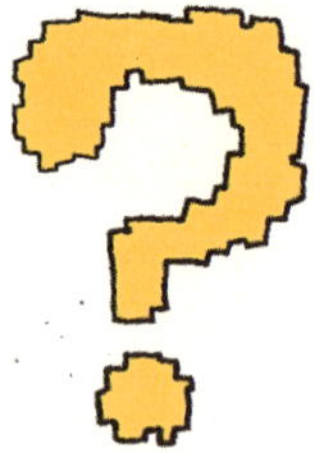

A1 

一言で言うと、君と「みんな」とをつなぐための道具。ときどき事故もおこるけれど、パターンを覚えておけばだいたい平気。

Chiki's Voice

インターネットでできることって、本当にたくさんあるよね。それはインターネットが「みんな」、つまり世界中の人、物、情報と君とをつなげてくれるからなんだ。「みんな」の中には面白い人や物知りな人もたくさんいて、いろんなことを教えてくれたり、君を笑わせてくれたりしてくれるわけ。

もちろん、どんな道具も使い方によっては人を傷《きず》つけてしまうことがあるように、インターネットも使い方によっては痛《いた》い目にあう。自動車によって移動が楽になるのも、交通事故によって人が傷つくのも、どちらも「速く走ることができる」という自動車の特徴《とくちよう》によってもたらされるよね？ それと同じで、インターネットの「人や情報をどんどんつなげる」という特徴が、便利さをもたらすのと同時に、望まない事故や危険をもたらすこともあるんだ。

ただ、自動車の事故の場合、「わき見運転」とか「スピードの出しすぎ」とか「飲酒運転《いんしゆうんてん》」とか、事故の理由ってけっこうパターンが決まってるよね。実はインターネットによる事故での「望まない出会い」も、いくつかのパターンに分けられる。それを知ることで、危ない目にあう可能性をぐんと減らすことができるだろう。

人がちゃんと使いこなしさえすれば、インターネットはそれに応《こた》えてくれるからね。道具に振《ふ》りまわされてしまわないためにも、使い方と特徴をしっかり知っておこう。

POINT!

インターネットの「みんなをつなげる」という特徴をうまくコントロールすべし！

Q2

インターネットをうまく使いこなすコツを教えて。

A2

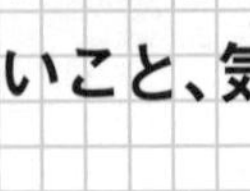

とにかく「検索《けんさく》」すること。
わからないこと、気になったことは、何でも検索してみよう。

Chiki's Voice

インターネットから知りたい情報を得るのに、最も役立つ方法が検索だ。これから君は、このイラストのような検索窓《けんさくまど》にとてもお世話になるだろう。

「検索」はインターネットの世界の入り口だ。たとえば、学校の宿題で夏目漱石《なつめそうせき》について調べる必要があるなら、さっそく検索窓に「夏目漱石」と入れてみよう。もっと詳しく知りたければ、「夏目漱石　坊っちゃん　あらすじ」といった具合に、どんどん言葉《ことば》を絞《しぼ》りこんでいけばいい。

「とは検索」といって、検索したい言葉のうしろに「とは」をつけて「○○とは」と入れると、その言葉の意味や説明を簡単に調べることもできる。検索サービスはたくさん種類があって、それぞれ「画像の検索に強いサイト」「ブログの検索に強いサイト」といった特徴があるから、それらを使い分けられるようになれば一人前だ。

事実だけではなく他人の意見を知りたいときには、異《こと》なる立場のサイトを複数《ふくすう》読み比べるのがいいだろう。インターネットを使えば、「世界のみんな」の力を借りることができる。検索すれば、これまで「みんな」がネットに書きこんだたくさんの文章の中から、君の疑問の答えを見つけられるわけ。

ネットでは、検索する行為のことを、大手検索サイト「グーグル（Google）」の名前からとって「ググる」と表現することがある。気になったことがあれば、ググって、ググって、ググりまくること。それがネット世界に慣《な》れるてっとり早い方法だ。

POINT!

検索を制《せい》するものはインターネットを制するのだ。
いつでもどこでも検索するクセを身につけるべし！

インターネットは いつ生まれたの？

インターネットの起源《きげん》は、1969年のアメリカでつくられた「ARPANET《アーパネット》」だ。当時「ARPANET」がつくられた背景には、軍事《ぐんじ》的な理由があったと言われている。

1960年代当時のアメリカとソ連（今のロシア）とはライバル同士で、いつ戦争になってもおかしくない状態だった。そんなライバルのソ連が、1957年にスプートニクという無人《むじん》の人工衛星《じんこうえいせい》打ち上げに成功したというニュースを聞いて、アメリカはとても驚いたんだ。というのは、無人で衛星を打ち上げられるということは、どこからでも、あらゆる場所を衛星からのミサイルで攻撃されてしまうということを意味したからだ。

当時アメリカの連絡系統《けいとう》を支えていた重要な方法は、電話だった。でも、当時の電話網《でんわもう》は、基地局《きちきょく》が攻撃されてしまうと、あっという間にネットワークが機能しなくなってしまうという弱点があった。だからアメリカとしては、仮に無人衛星でどこかの基地局が壊《こわ》されたりしても、しっかりと機能するネットワークをつくる必要があると考えたんだ。

そうした軍事目的でインターネットの原型《げんけい》はつくられた。だが、その背景には、純粋にネットワークを開発したいという学者の願いや、その学者たちのもっている知識を共有しようという想いもこめられている。そこにあるのは、さまざまな知識を動員し、研究《けんきゅう》機関《きかん》などをつなげていくこと自体が、社会的にも有意義なことだという発想だ。

このような起源をもつインターネットは、中心をもたず、人や情報をどんどんつなげて目に見える形にし、さらには共有して蓄積《ちくせき》していくという性質をもっている。その性質ゆえに、僕たちはいろいろと便利な使い方をすることもできれば、逆に思いもしない痛い目にあわされてしまったりもするんだね。

mini column

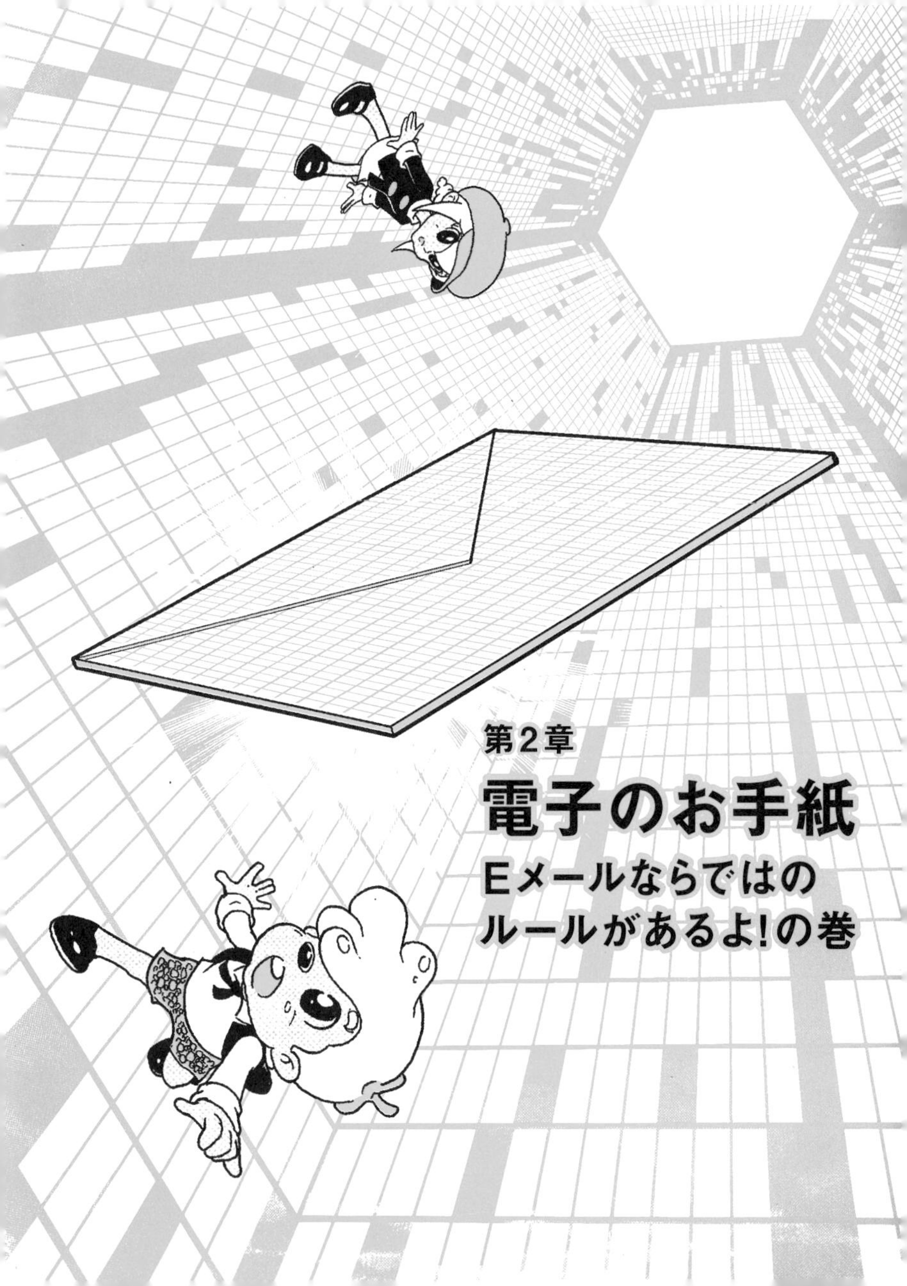

第2章

電子のお手紙

Eメールならではのルールがあるよ!の巻

第２章
メールを使いこなす

「さて、いよいよここから、インターネットの世界を一緒《いつしよ》に歩いてみよう。ポイントごとに覚えていき、一緒にインターネットを旅する能力をレベルアップしていこう。まず自分専用のＥメールアドレスをつくるところからだね」

「Ｅメールアドレスってどういう意味?」

「ＥとはElectronic（電子）のＥからとったもので、メールというのは『郵便』を、アドレスというのは『住所』を意味する英語。直訳《ちよくやく》すると、電子の郵便番号ってこと」

「Ｅメールアドレスがあると、いつでも友だちと連絡がとれて便利だね」

「そうそう。他にも、サイトをつくったり、買い物をしたりするときには必ず必要になるからね」

「うーん。アドレス、どういうのにしようか悩むなぁ」

「Ｅメールアドレスにはみんなそれぞれのこだわりをもっていて、自分の名前、あだ名、誕生日だけでなく、好きな人の名前、スターや作品、好きな言葉、顔文字《かおもじ》など、いろいろ工夫しているみたいだよ」

「メールアドレスを見ると、その人のキャラがなんとなく映し出されるみたいだよね。自分をどれくらいアピールすればいいのかな？」

「それと、アドレスつくるときに気をつけておくべきことってある?」

「アドレスからどれだけ個人が特定できるか、かな。たとえば会社員の場合、自分や会社のことを初対面の相手にも覚えてもらいやすくするために『自分の名前@ 会社名.com』というようなアドレスにしたほうがいいかもしれない。でも、実際の友人にナイショでつくったウェブサイトに公開するアドレスは、本名《ほんみよう》がわからないような別のものにしたほうがいいよね。あと当然だけど、間違っても何かのパスワードや、個人情報につながるようなヒントを、アドレスの中に混ぜたりしないように」

「アドレスできたー! さっそく友だちにメールを送るぞー!」

「あたしもー!」

「よし。それでは、メールをうまく使いこなすためのポイントを見ていこうか」

Q3

そもそも
Eメールって何？

A3

とっても便利なインターネット世界の手紙だ。
ただし、ネット独自の性質がかかわってくることを覚えておこう。

Chiki's Voice

Eメールと、手紙や会話の違う点はいくつかある。Eメールには、①簡単に送れる②大人数に同時に送れる③すぐに届く④コピーが簡単⑤複数の住所をもてる⑥住所がすぐに変えられる⑦動画や書類などのファイルも一緒《いっしょ》に送れる、といった特徴がある。

Eメールはいつまでも保存することができるし、コピーしたり、転送したりすることも簡単。また、普通の郵便と違い、いつでもどこからでも手紙を送りあうことができる。

それから、Eメールアドレスは実際の住所と違って、複数のアドレスをすぐにつくることができるし、わりと気軽にアドレスを変更することもできる。無料でつくれるアドレスや、どのパソコンやケータイからでも簡単に見ることができるようなメールサービスも多くあるから、親しい友人用、サイト掲載用、遊び用という具合に、複数のアドレスをうまく使い分けるのがいいだろう。ときには、無料のメールアドレスサービスを利用して、一時的に利用するだけの「捨てアド」(使い捨てアドレス)をとったりするのもいい。

もちろんメールにも向き不向きがあって、実際に会って話したほうがいいときや、電話が必要なときもある。場面によって使い分けていこう。それから気軽に送れるメールだけど、相手にも都合《つごう》があるということも忘れないように。

POINT!

Eメールには、ネットならでは、
文字ならではの長所と短所があるのだ。
他の方法とも、うまく使い分けるべし!

Q4 

Eメールを利用するときに気をつけることって何?

A4 

インターネットを使って「文字《もじ》」でやりとりしているということを忘れない。これに尽きる!

Chiki's Voice

Eメールを送る際に気をつけておくべきことは、それが文字でやりとりされているという当たり前のことだ。

文字は、普通のおしゃべりと違って顔が見えないし、雰囲気《ふんいき》を伝えるのもむずかしい。表情や発音などに頼ることができない分、メールを送る人自身の文章の力、読む人の読み解く力がどうしても必要になるんだ。

たとえば、何かを謝罪《しゃざい》するとき、

「ごめんね!」

「ごめんなさ～いm(_ _)m」

「ごめんごめん(*^-^)ノ」

「ごめんなさい……」

のどれで送るかによって、ずいぶん相手に伝わるムードも変わるよね。文字は、書き方を少し変えるだけで、意味が大きく変わってしまう。それはEメールも一緒。

もともと人が言葉を使っている以上、誤解《ごかい》やトラブルが生まれてしまうことは避《さ》けられない。だから工夫が必要だ。Eメールの場合、絵文字やデコレーションメール（デコメ）で文面を飾《かざ》ったり、写真や音声、動画などを添付《てんぷ》したり、メールを送ったあとに電話をかけてさらに説明をしたりして、相手にしっかりとメッセージが伝わるようにしよう。目上《めうえ》の人への挨拶《あいさつ》の場合など、絵文字やデコメを送ること自体が失礼になることもあるから、場面によって使い分けていこうね。

POINT!

人が人である以上、トラブルはつきものなのだ。
Eメールでトラブルを生むのではなく、
トラブルを減らすために活用すべし！

Q5

「3日以内にこのメールを10人に転送しないと、不幸がおこる」ってメールが来た。どうすればいい？

A5

それはチェーンメールと呼ばれる、昔からあるいたずらメールだ。

ハハっと笑いとばして、すぐに削除《さくじょ》しよう。くれぐれもほかの人に転送しないようにね。

Chiki's Voice

「このメールを10人に転送してください」などと、不特定多数の人に広めることを求めるメールのことを、チェーンメールという。

チェーンというのは英語で「鎖《くさり》」の意味。転送されたメールが鎖のようにつながっていくことからこう呼ばれている。チェーンメールは、昔からある「不幸の手紙」や「学校の怪談《かいだん》」と、とてもよく似ているね。

チェーンメールには、いくつかのパターンがある。

たとえばこんな感じだ。

「この手紙を5人に送らないと不幸になる」
「○○銀行がつぶれるらしいから、早めに貯金《ちよきん》をおろしにいったほうがいい」
「隣町のスーパーで○○人による凶悪《きようあく》な事件がおこったらしい。○○人には気をつけろ」
「このメールを止めた人は、これまでメールをまわした人全員分の通信料を払う必要がある」
「この間友人の友人が外国の○○人に親切にしたら、『○月○日には、テロがおこるから○○に近づくな』とこっそり教えてもらった。君も○○にいってはいけない」
「このメールを止めた人が特定できる機械を発明した。メールを止めた人を殺しにいく」

こういうメールが知りあいから届くと、つい本当かと思ったり、あるいはこわくなったりして、他の人にもメールしてしまいたくなるだろう。

でも、「何時間以内に何人に送ってください」という書き方や、「友だちの友だちに聞いたんだけど」というような書き方がされているメールは、決して他の人に広げないほうがいい。

デマ（根拠《こんきょ》のないうわさ話）が広がることを楽しんでいる人を喜ばせてしまうだけだし、あいまいな情報で多くの人を不安にさせるのはまずいからね。

そのデマによって実際に誰かが損をすることだってあるし、もしそういう悪質《あくしつ》な情報を君が広げてしまった場合、それだけで罪に問われることだってあるんだから。

以前、ある女性が知人に「○○銀行が倒産する」というデマのメールを出したことをきっかけにチェーンメール化し、実際にその銀行に多くの人が押し寄せてパニックになった事件がある。

この事件で警察は、元のメールを送信した女性を見つけ、銀行の信用を傷つけた容疑で書類送検《しょるいそうけん》したんだ。この女性も友人からウワサで聞いたらしいんだけど、メールの元になった文章をつくったということで送検されたというわけだ。

悪意はなくとも人にデマを広げたり、面白半分でチェーンメールをつくると、警察の調査が入ったり、企業などに訴《うった》えられてしまったりすることもある。警察やケータイ会社が調べれば、誰がメールを送ったのかはちゃんとわかるからね。

ネットだからバレないと思って悪口のメールなどを書く人も多いけ

れど、ネットはむしろ、普段の発言以上に、誰が発言したか特定しやすかったりする。だからむやみにメールを広めたりせず、こういうメールが友人から来たらさっさと削除して、友だちにも注意してあげるといいよ。

POINT!
チェーンメールにひっかかるのはダサイのだ。
デマを見破り、笑い飛ばす力を身につけるべし！

Q6

チェーンメールを見《み》破《やぶ》るコツってあるの？

A6

答えはチョー簡単。

検索して、その話が本当かどうかを調べればいいんだ!

Chiki's Voice

チェーンメールと一口で言っても、必ずしもメールをどんどんリレーしていく行為が全部悪いわけじゃないよね。無害な占《うらな》いのようなものもあれば、「人に聞かせたくなるようないい話」が次から次へとメールでリレーされ、実際に本やドラマになる場合だってある。たとえば、「世界がもし100人の村だったら」や「時間銀行：86400ドルのプレゼント」なんかが有名だ（気になる人はさっそく検索してみよう!）。

チェーンメールの中にはこういう「美談《びだん》」系のものがあって、それを受けとった人たちが「感動」しているものもある。

でも中には、そういう「美談」を装《よそお》ったチェーンメールや詐欺《さぎ》メールもいっぱいあるんだ。

「心臓病の手術のために、寄付《きふ》をしてくれる人を募集しています」

といったメールのおかげで、実際に病院に問い合わせをする人が殺到《さつとう》したり、詐欺にあう人が出てきてしまうこともあるし、「テレビ番組の企画で、送ったメールがどれくらいで出演者のところに戻ってくるかを実験しています。○人にこのメールを送ってください」というように、イベントを装ったチェーンメールもある。

あやしいメールは転送せず、文面を検索してみることをオススメする。本当に大事なメッセージなら公式サイトに掲載されているはずだし、デマメールならきっと、「みんな」のうちの誰かがそれに気づいて指摘してくれているはずだからね。

POINT!
ここでも検索が役に立つのだ。ついでにもっとおバカなチェーンメールを探して笑い飛ばすべし！

Q7

知らない人から「こんにちは」という件名のメールが来た。開いてもいい?

A7

もしかしたら、それは広告メールだったり詐欺メールだったりするかもしれない。

メールを開くときは、確認を忘れずに!

Chiki's Voice

これから君のところに届くメールの中には、スパムメール（迷惑メール）という邪魔者《じゃまもの》もたくさん含まれるだろう。スパムメールとは、「ほしくもないのに、無差別《むさべつ》に大量に送りつけられる迷惑メール」のこと。どこかの変なサイトの広告だったり、ユーザーをだましてお金をとろうとするサイトへと誘導《ゆうどう》するものがほとんど。ときにはサイトを開くだけで、パソコンにウィルスを忍びこませられてしまう場合もある。

それらのメールには、

「さっきの件だけど」

「明日の待ちあわせの場所、変更しました」

「掲示板の書きこみ、読みました！」「申し訳ございません」「当選おめでとうございます！」

「○○（よくある人の名前）だよ」

などなど、いかにもありがちなタイトルを使い、どこにでもありそうな名前から送ってメールを読ませようとするパターンが多い。

こういうメールがたまたま知りあいの名前の人から届くと、つい信用してしまいそうになるよね。でも、メールの送り主の名前なんかはいくらでもウソをつくことができるので、それだけで信用してはいけない。だまされないためにも、毎回相手のアドレスや情報をちゃんと確認することと、クリックする前にはサイトのアドレスの綴《つづ》りもなるべく目を通すクセをつけておくようにしよう。

POINT!

甘い言葉の招待状がとつぜんやってくるわけはないのだ。クールに受け流すべし！

Q8

スパムメールの中に、“退会するならこちらをクリック”って書いてあった。クリックしたほうがいいのかな？

A8

受《じゆ》信《しん》拒《きよ》否《ひ》設《せつ》定《てい》にしたり、スパムメールとして報告して放置するのが一番。

クリックしたり返信をすると今後もメールが来るよ!

Chiki's Voice

スパムメールは、ロボットが勝手にアドレスを収集《しゅうしゅう》して、ランダムに配信されている。大量のスパムメールを配信することで、うっかりそのメールに返信をしたり、メールに書いてあるURLをクリックしてくれるユーザーを狙《ねら》っているというわけ。

「当選したので住所やメールアドレスを入力してください」と個人情報を取得しようとしたり、特定のサイトの会員にしようとしたり、「無料」「タダ」「出会える」「今だけ」「あなたが選ばれました」「あなたとステキな時間をすごしたい」といった誘いの言葉を使ってサイトへ誘導《ゆうどう》するパターンもある。そんなものは無視するのが一番だ。

もしメールを返信したり、そういうサイトに一度でもメールアドレスを登録すると、似たようなメールが次々と来るようになってしまうんだ。なぜなら、そういうメールを送る悪い業者の人が、君のことを「こういうメールにひっかかりやすいおバカさん」と判断してしまうからね。

ちなみに、世界中で送信されるメールの数は、2006年の時点で一日あたり600億通以上。そのうち、500億通以上がスパムメールだと言われている。しかもそれらのメールのほとんどが、ごく少数の人たちによって送られているらしい。日本でも2008年2月に、迷惑メールを20億通以上送ったとして逮捕《たいほ》された男性がいる。まったく、とんでもないったらありゃしない。

POINT!

一度ひっかかると、二度目、三度目も狙われてウザいのだ。かしこく無視を決めこむべし。

Q9

友だちからのメールにファイルが添《てん》付《ぷ》されていた。すぐに開いてもいい?

A9

ちょっとまった!

ファイルをダウンロードする場合は、コンピューターウィルスにかからないように必ずウィルススキャンをしておこう。

Chiki's Voice

コンピューターウィルスというのは、コンピューターに入りこんで悪さをするプログラムのこと。動物に感染するウィルスと似て、コンピューターに「感染《かんせん》」して「潜伏《せんぷく》」し、「発病《はつびょう》」する。もちろんあくまでプログラムだから、人に感染したりするわけではないけどね。

ウィルスによってコンピューターが「発病」すると、パソコンの調子がおかしくなったり、人が望まない動作をするようになる。友だち全員のメールアドレスに勝手にウィルスを転送したり、パソコンの中にあるデータを勝手に削除したり、ある時間になると特定のサイトを攻撃しだしたり、個人情報を盗《ぬす》みとったりする。

最悪の場合、大事な秘密のファイルが世界中にばらまかれてしまうこともある。

プログラムにはとても便利な働きをしてくれるものがたくさんある。けれど、それが人の望まないような形で勝手に動いたりすると、さまざまな被害《ひがい》をもたらしてしまうんだ。たとえば「ファイルの中身を自動で消すソフト」は、パソコンを処分《しょぶん》するためにファイルを完全に削除したい人にとっては便利だけれど、そうでない人が勝手に消されたら大変なことだよね。そういう痛い目にあわないためにも、添付《てんぷ》されたファイルには十分気をつけよう。

POINT!

手紙には時々いらない物が入っているのだ。
開封する前に確認すべし！

Q10 

ウィルス対策はどうすればいいの？

A10 

①ウィルス対策ソフトを必ず入れて、常に最新の状態にしておくこと、
②入手したファイルはすぐに開かず、必ずスキャンを行うこと、
③ファイルの種類をチェックする癖《くせ》をつけること、の3つだ。

Chiki's Voice

コンピューターウィルスは、メールやウェブサイト経由《けいゆ》でダウンロードしたファイルから感染することが多い。つまり、ほとんどはインターネット経由だ。

ウィルスにひっかからないために、基本的なことは次の3つ。

まず、パソコン購入時から何かしらのウィルス対策ソフトを導入しておくべき。ウィルス対策ソフトは、無料のものもある。検索サイトで検索すれば、たくさんの種類のソフトを見つけることができる。無料でも有料でも、どちらも優秀なソフトは多くあるから、気にいったものを選ぶといい。

それから、毎回ダウンロードしたファイルをスキャンするクセをつけておくべき。そして、そのファイルの種類が目的通りのものなのかを見《み》極《きわ》められるようにしよう。

また、ウィルス対策だけでなく何か異常が発生したときのために、こまめにデータのバックアップをとっておくのも大事だ。大切なファイルをDVDや外づけのハードディスクに保存しておけば、いざパソコンやケータイの調子が悪くなったとしてもすぐに乗り換えることが可能になるしね。

それでも、対策と発生はどうしてもイタチごっこ。ウィルス対策ソフトがつくられれば、それを回避《かいひ》するような新しいウィルスが生みだされる。今ではコンピューターウィルスの数は数万種をこえていて、日本国内だけでも毎年数千件以上の被害届《ひがいとどけ》が出されている。明日はわが身と思い、気をつけよう。

POINT!

パソコンだって病気になるのだ。
普段から「いざというとき」に備えるべし!

Q11

ウィルスに感染したら どうすればいいの?

A11

ウィルス対策ソフトと検索技《わざ》で乗りきろう。
ピンチを乗りこえれば、もっとかしこくなれるはず!

Chiki's Voice

ウィルス対策ソフトは、ウィルスを寄せつけないマスクや予防接種《よぼうせっしゅ》のような役割、そして感染した際にウィルスを退治《たいじ》してくれるワクチンのような役割を果たしてくれる。パソコンには必ず入れておこう。

もしウィルスに感染してしまった場合は、ウィルス対策ソフトを使用してウィルスを特定し、感染したファイルを削除しよう。ウィルスを削除する際には、インターネットを通じた二次感染や被害を止めるため、LAN《ラン》ケーブルを抜いておくなどしてネットワークから切り離すようにしよう。

ウィルス名を特定したら、そのウィルス名で検索してみるといい。対策を公開してくれているサイトが見つかるかもしれない。もちろんインターネットで症状について調べる場合も、二次被害などを避けるために別のパソコンやケータイから調べたほうが安全だ。今のところ、ケータイに感染するウィルスはほとんど報告されていないから、ケータイの場合は気にしなくてもよさそうだからね。

POINT!

困ったときは、やっぱり検索が役に立つのだ。
「みんな」の力を頼るべし！

Q12 

メールを送るときに、注意することってある?

A12 

送信するメールには慎重《しんちょう》さを、受信するメールには寛大《かんだい》さを!

メッセージの力をあなどらないように。

Chiki's Voice

もうおわかりの通り、君に送られてくるメールのすべてが、歓迎《かんげい》されるような内容のものってわけではない。中にはメールによる嫌がらせや、ストーカー目的などで延々《えんえん》と不快なメールを送られる場合もあるだろう。

それとは逆に、君自身が「トラブルを生む側」にまわってしまうこともある。人にメールを送るということは、その人にメッセージを届けるということだから、その内容によっては相手を不快《ふかい》にしたり傷つけることもできてしまう。大げさかもしれないけれど、君が送った一本のメールが、人の人生を台無《だいな》しにしたり、人を死に追いやる可能性だってあるわけ。人が放つ言葉には、そういう力がある。

道具がどれだけ便利で新しくても、それが人を幸せにするかどうかは、結局は使われ方によって決まる。そこで特に気をつけてほしいのが、メールをいじめの道具として使わないということだ。たとえばケータイの写真撮影《しゃしんさつえい》機能《きのう》を使えば、思い出を保存したり、道案内《みちあんない》や買い物のメモに使えたりと便利だよね。

でも逆に、人が嫌がる場面を保存しておいて、いじめや嫌がらせ、脅《きょう》迫《はく》などに悪用したり、クラス内で広めることにだって使える。

だから、「送信する内容には慎重さを、受信する内容には寛大さを」と肝《きも》に命じてほしい。これはメールだけでなく、インターネット上でのやりとりすべてに共通して言えること。「インターネットは僕らを幸せにした!」と胸を張《は》って言えるようにしていこう。

POINT!

どんなに便利になっても、
誰かにメッセージを伝えることは、いつも大変な作業なのだ。
道具の限界を知りつつ、有効に使うべし!

メールでよく見る記号の意味

電子メールを使っていると、「bcc」だの「re」だの、見慣れないアルファベットの記号を見かけることが多いはず。そこで、よく見かける記号について、簡単に解説してみよう。

Subject：メールのタイトル。Subjectというのは、「題名」という意味の英語。ケータイメールではタイトルを入れない人も多いけど、パソコンからのメールではタイトルを入れるのが礼儀《れいぎ》になっている。タイトルでスパムメールかどうか判断できることが多いからね。

From：送信元のメールアドレス。Fromというのは、「○○から」という意味の英語。

To：受取人のメールアドレス。Toというのは、「○○へ」という意味の英語。

cc：Carbon Copy（カーボンコピー）の略。元々は複写された文書という意味。送り先が複数あって、「宛先《あてさき》」や「To」で指定した人以外にも送りたい場合には「cc」と書かれた項目にアドレスを入力する。

bcc：Blind Carbon Copy（ブラインドカーボンコピー）の略。「To」や「cc」以外の人にも同じメールを送りたいが、「To」「cc」で送っている相手にはbccで送っている人がいることを知られたくない場合に、「bcc」の項目にアドレスを入力する。

Re：返信されたメールの題名につけ加えられる記号。「re」というのは、「○○の件に関して」という意味。

Fw：Forward（転送）の略で、転送されたメールの題名につけ加えられる記号。チェーンメールにはやたらこの記号がついていて、見るとせつなくなる。

MAILER-DAEMON／Mail Delivery Subsystem

メールを送信したときに、何かのエラーのため相手にメールを送信できなかった場合、自動的に返信されるメッセージ。本文を読めばだいたいその理由が書いてある。たとえば相手のアドレスが存在しない（User unknown や Host unknown、host not found など）場合や、容量が大きすぎて相手に届かない（Message exceeds maximum fixed size）など、さまざまなエラーが考えられる。最近では日本語での返信メールも多くなっているね。

mini column

第3章
出会いの森
迷惑7人衆あらわる!の巻

第３章

困った人たち

「メールって便利だね。もっと多くの友だちと一緒におしゃべりしたいね」

「うん。メール以外の方法も使って、もっといろんな人と出会ってみたいよ」

「インターネットは、『みんな』とつながることのできる道具だからね。今度はウェブサイトを通じて、人と話しあったりするのもいいと思うよ」

「わーい。じゃ、さっそく気になるサイトを検索してみようっと」

「その意気《いき》だ。インターネットは『みんな』の知恵《ちえ》や意見を集めることを得意としている。だから、何かを調べるとき、過去に誰かが書いた知恵や意見を読むことができるのはもちろん、『みんな』に相談して協力してもらうことだってできる。掲示板《けいじばん》サイトなどを利用すれば、多くの知識や思い出を手にいれることができると思うよ」

「よーし。友だちたくさんつくるぞー!」

「ところで、ケータイを買い換えたり、アドレスを変更するとき、僕たちは『誰にアドレスを変更したことを教えるか』で迷ったりするよね?　ネットは『みんな』とつながることを実現してくれるけど、本当に『みんな』とつながりっぱなしだとヘトヘトになってしまう。だから、『どの人とつながることにするか』『どの程度つながることにするか』という選択が重要になってくるんだ。それはメールだけじゃなく、サイトでの交流でも同じ」

「たしかに、迷惑《めいわく》な人とはつながりたくないもんね」

「ヘンな人につきまとわれたりしたら大変だもん」

「うん。人が集まるところには、必ずトラブルが生まれる。人がたくさんいれば、自分とあわない人が必ずいる。特にネット上では、気をつけなくてはならない迷惑行為をする人がいるからね。名づけて、迷惑７人衆!」

「め、迷惑７人衆だってー!?」

「掲示板などによくあらわれる、『困った人たち』のことだ。それぞれ特徴があるから、具体的に見ていこう。これらに注意すれば、掲示板での交流がよりスムーズで快適なものになるはずだ」

Q13 

インターネットには
メール以外に、
どんなサービスがあるの?

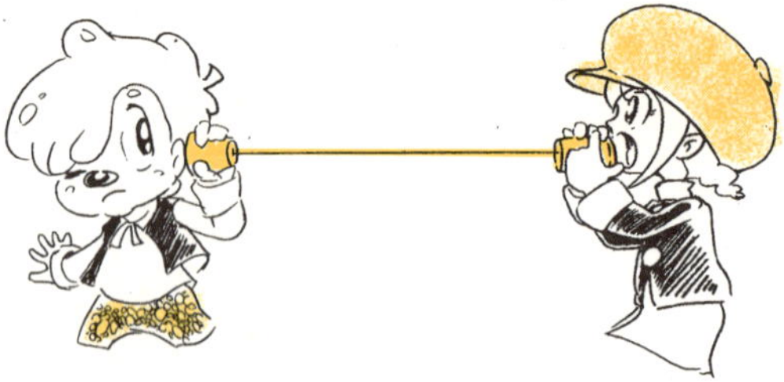

A13 

電子掲示板、チャット、ブログ、SNS……。
いろんな長所《ちようしよ》をもったサイトがたくさんある。自分にあったサイトを見つけよう!

Chiki's Voice

■電子掲示板

インターネットが始まったばかりの頃からある交流の場所、それが電子掲示板だ。BBSとも言う。文字を書いたり、必要に応じて画像などを貼《は》りつけたりすることで、ユーザー同士が連絡をとりあったり会話を行ったりできる。電子掲示板での交流がメインのサイトもあれば、サイトのおまけのような形で電子掲示板を用意している場合もあるね。

■チャット

インターネットを通じて、離れた場所にいる人同士で会話を楽しむ仕組みのことをチャットという。チャットというのは「おしゃべり」を意味する英語だ。普段のおしゃべりと同じで、どうってことのない話題でもなぜか楽しめちゃう。チャットは、文章を打ちこんでおしゃべりをするのが普通だけれど、電話のように声でやりとりする「ボイスチャット」や、テレビ電話で行う「ビデオチャット」などもある。

電子掲示板と同じく、すでに知りあいの人とだけチャットを行うこともできるし、チャット広場のようなところに行って、多くの見知らぬ人と会話を楽しむこともできる。特にインスタントメッセンジャーというツールを使えば、いつでもインターネット上の友だちに話しかけられたりして便利だ。

■ブログ

日記感覚で誰もが簡単にウェブサイトをつくれるしくみ、それがブログだ。「ウェブをログ（記録）する」という意味でウェブログと名づけられ、それが略されてブログと呼ばれるようになった。ブログがそれまでのウェブサイトと違ってすぐれている点は、「コメント欄《らん》」と「トラックバック機能」を備えたことだろう。

コメント欄は電子掲示板にちょっと似ていて、ひとつひとつの日記や記事に対して読者が感想を書きこめ、ブログの筆者と会話を楽しむことができるものだ。トラックバック機能とは、他のブログの記事に対して自分のブログの記事へのリンクを作成することができるものだ。この2つの機能を備えたブログのおかげで、誰でも簡単にインターネット上で文章を書くことができるようになったし、簡単に意見交換をすることもできるようになった。芸能人や政治家でもブログをもっている人がたくさんいるから、お気に入りのブログを探してみるのも面白いだろう。

■SNS（ソーシャル・ネットワーキング・サービス）

ソーシャル・ネットワーキング・サービスとは、同じ趣味《しゅみ》や目的などをもった人たちなどが集まって交流を行うコミュニティ型のサービスのこと。多くのSNSは、ブログ機能、掲示板機能、チャット機能やミニメッセージ機能などを備えており、気のあう仲間同士でわいわい会話を楽しむことができる。

また、SNSの多くは、友だちにしか日記を見せないで済む機能が備わっている。知らない人が日記を読むことを防ぎ、自己紹介文や画像を表示する機能などが備わっているため、他のサイトに比べて安心して会話を楽しみやすい。

インターネット上にはこのように、電子掲示板、チャット、ブログ、SNSなど、いろいろなサービスが用意されている。工夫して使い分けていけばいろいろな交流や表現が可能だ。それぞれの特徴を生かすと、ネットの世界が何倍も楽しくなるよ。

POINT!

目的にあったサイトが必ずあるはずだ。
自分にとって居心地《いごこち》のよいサイトを見つけるべし！

Q14

掲示板に悪口を書きこむ人がいる。どうすればいい?

A14

迷惑7人衆の1人、「荒《あ》らし」だ。

「荒らし」は相手にすると調子に乗るから、無視するのが一番だ!

Chiki's Voice

電子掲示板やチャットなどで、話の流れを妨害《ぼうがい》したり、他人が不快な気分になるような文章を書きこむ行為《こうい》や、そうする人のことを「荒らし」と呼ぶ。

掲示板やチャットに「荒らし」が登場すると、悪口、イヤミ、嫌《いや》がらせ、いじめ、ウソ、下ネタ、関係のない話題などで、その場のムードが悪くなってしまう。そのため「荒らし」は最も嫌われる行為のひとつだ。

何か特定のテーマについて話しているのに、その場を乱すようなことを大量に書きこまれたら、多くの人が不快な気持ちになるよね。

「荒らし」行為は、人にかまってほしかったり、その話題がつづくことを不快に思ったり、単に嫌がらせを楽しみたかったり、今の話の流れが気に食わないからと自分で勝手に流れをつくりたがったり、いろいろな理由で行われる。だから何かを言いかえしたりしたら、ますますその場が荒れていってしまう。

だから「荒らし」にたいする一番いい対策は、無視をすること。嫌なことを言われて、反論したりすれば話題がそれてしまうし、逆に相手が調子に乗ってしまうこともある。かまわれるだけで「荒らし」は、その目的のほとんどを達成してしまうからね。他の人たちも大抵は冷ややかな目で荒らしを眺《なが》めているものだし、気にしないほうがいい。君がそのサイトの管理人だった場合は、証拠を残したうえで削除し、必要に応じてその書きこみをした人を書きこみ禁止にすればいいだろう。

POINT!

「荒らしは無視」はネット世界での基本なのだ。
エサを与えず、冷静に対応すべし！

Q15

匿名《とくめい》で とてもひどいことを 書きこんでも、 怒《おこ》られないの?

A15

匿名の書きこみによって逮捕された人もたくさんいる。名前を書きこまなくても、実は個人を特定することはできちゃうのだ!

Chiki's Voice

電子掲示板などの会話の多くは匿名、つまり名前を名乗らないで行われる。そのため、実際には誰が発言しているのかわかりづらい。それを利用して、普通なら面と向かって人には言えないような悪口などを書く人もたくさんいる。

でも、書きこみが匿名で行われていても、必ずしもその人を特定できないということではない。ましてや法律的に責任をとらないでいいというわけではない。名前がばれないと思って掲示板に悪口を書いたり、犯罪の予告や特定の人に対する脅迫を書きこんだりしたせいで、逮捕されてしまったという例はたくさんある。インターネットの世界の一部では、なんとなくそういう書きこみをしても許されてしまうという誤解や勘違《かんちが》いもあるんだけれど、インターネットだからといって、私たちの社会と別世界であるというわけではない。

「荒らし」だって、やりすぎると法に触《ふ》れたり、相手に訴《うった》えられてしまうこともある。実際中学生や高校生でも、他の生徒の悪口を書いて警察に通報されるケースが毎年数千件あるんだ。だから間違っても、君自身が「荒らし」になったりしないようにね。

掲示板などを利用する限り、どうしてもたまにあらわれる「荒らし」とうまくつきあっていく必要は出てくる。でも一方で、インターネット上には荒れやすいサイトとそうでないサイトがあるから、居心地のよいサイト、荒れにくいサイトを見つけるといいよ。触《さわ》らぬ神に祟《たた》りなし、なのだ。

POINT!

「荒らし」を避けてネットを使うのもかしこい選択なのだ。
無駄なストレスからはさっさと逃げるべし！

Q16

ネットで芸能人と
知りあっちゃった！
今度遊ぶ
約束したよ！

A16

でたな、迷惑7人衆の2人目、「騙《かた》り」め！
身分を偽《いつわ》って君をだます人はたくさんいるから、甘すぎる出会いにご用心！

Chiki's Voice

ネット上では実名を名乗らなければいけないというルールもなければ、本人かどうかを確認する方法もない。だから、何も名乗らないで書きこみを行ったり、誰か別の人、別のキャラのフリして書きこみを行ったりすることもできる。そういう行為を「騙《かた》り」って言うんだ。

たとえば、男の人が女の人に成りすますことをネットオカマの略で「ネカマ」という。逆に女の人が男の人に成りすますことをネットオナベの略で「ネナベ」といったりもする。また、著名人のフリをしたり、他の人のフリをして書きこむ行為のことを、「成りすまし」と呼ぶ。

こういう言葉がネット上で共有されているのは、それだけインターネットの世界で身分を偽る人がいるということだ。顔が見えないからこそ、インターネット上では何にだってなれてしまう。年をごまかしたり、性別を偽るくらいは朝飯前《あさめしまえ》。

君がネットで話している相手も、君が想像している姿とはまったく異なる人なのかもしれないということだ。

ネットの情報だけを信じたけれど、実際にはひどい人にだまされた、なんてことにならないようにしよう。ステキな思い出をつくるためにも、ね。

POINT!

100%信頼できる情報などは存在しないのだ。
常に「ウソの可能性」を気にすべし！

Q17 

別人格を演じることは、悪いこと?

A17 

楽しめる範囲なら全然OK。

やりすぎない程度に、互いに「ウソをウソと見抜く」力をつけよう!

Chiki's Voice

顔が見えないからこそ、インターネット上では何にだってなれてしまう。それが魅力のひとつでもあるのだから、ネットでちょっと「別人格を演じる」だけなら、それほど悪いことじゃない。僕らは普段だって、場面に応じてキャラを使い分けているしね。

でも、誰かのフリをしてその人の評判を貶《おとし》めたり、誰かをだまして傷つけたりすれば、犯罪として罰せられることもある。中には特定の人や特定の立場の評判を貶めるため、その人のフリをして性格の悪い日記を書きまくったりする人もいるからね。勝手に他人の写真やプロフィールなんかを利用して人をだますと、本当にいろんな人に迷惑がかかっていく。そういうケースは言うまでもなく、アウトだ。

そこまでいかなくとも、だまされてしまうのは面白くない。だからインターネットでは、「ウソをウソと見抜く」ための力が普段以上に求められるというわけ。むずかしいかもしれないけれど、その力を身につければ情報の選択がより上手になることは間違いないよ。

POINT!

みんなをだましたがる人がたくさんいるのだ。
ウソをウソと見抜くべし！

Q18

さっきまで、荒らしをみんなが無視していたのに、急に同意する人が増えだしたよ?

A18

迷惑7人衆の3人目、「自作自演《じさくじえん》」かもしれない。
ネットでは一人で何役も演じることができちゃうんだ!

Chiki's Voice

別の人に成りすまして自分のことをほめたり自分の書きこみに返信したりして盛りあげる行為を「自作自演」という。

匿名の掲示板やブログのコメント欄などでは、本人がその場で別の名前を名乗っても、他の人に簡単にはバレない場合が多い。だから、自分に有利になるような書きこみを行う人がたくさんいるというわけだ。

インターネット上では「騙り」や「ネカマ」のように他人に成りすますことができるだけでなく、一人で何人もの人のフリをすることだってできるんだ。だから、実際には一人しかいないにもかかわらず、あたかも掲示板の多くの人たちが一人の意見に賛成しているかのように演じることも可能になる。こういう行為は「悪いこと」ではないかもしれないけれど、少なくともインターネットの世界では「恥ずかしいこと」だと思われている。

インターネットは口コミが自然に広がることが長所だから、こっそり「自作自演」をすることで特定のムードを無理やりつくる行為が嫌われているんだ。「自作自演」を使えば、一人あるいは数人だけでも、特定の立場に有利になるようなムードをつくるための書きこみを行うこともできる。そういう行為は「工作」といわれて嫌われているけど、バレないのをいいことに大量のコメントをしているというわけだ。そうすれば、実際には数人しかいないにもかかわらず、数千から数万の書きこみを行うこともできるからね。だから、ネットの書きこみをいくつかみただけで、「みんながそう思っている」って誤解しないようにしよう。

POINT!

インターネット上では分身の術が使えるのだ。
距離をとってしっかりと観察すべし！

Q19

なんかネタっぽい
人生相談を
見つけたよ!

A19

迷惑7人衆の4人目、「釣《つ》り」かもしれない。
見抜くことができないなら、「様子を見る」「だまされても痛手を負わない程度にかかわる」というオトナな戦略でいこう!

Chiki's Voice

「釣り」というのは、漁師がエサをまいて魚をおびきよせるように、ウソや煽《あお》り、騙《かた》りなどによって人々が反応する様子を楽しむ行為のことだ。

・ウソの情報を書きこんで人をだます。
・わざと非道徳的なことを書きこんで読む人を怒らせる。
・人生相談をするフリをしてまわりが本気で心配している様子を楽しむ。
・女性を演じて男の人から告白メールを受けとり、そのメールや男の人の顔写真などを公開する。

こういった行為がよく「釣り」と呼ばれる。「釣り」の中には参加者全員が楽しめるようなとんちのきいた「釣り」をして、見ている人を楽しませたりするようなものもあるんだけれど、逆に本人が軽い気持ちで行った「釣り」のつもりが、デマとして広がってしまうこともある。

インターネット上では、毎日どこかで釣り糸が垂《た》らされている。ウソのエサに食いついてしまうと、そこから吊り上げられて、好きなように料理されてしまうというわけだ。「釣り」かどうか判断できない場合は、しばらく様子をみるといい。まだ初心者の君よりも、もっとベテランの人がインターネットの世界にはたくさんいるから。「釣り」だと気づいた人が、コメントで指摘してくれたり、騒ぎだすかもしれないからね。「様子を見る」というのも賢明《けんめい》だ。あとは、もしだまされても平気な程度にかかわるとかね。確信が得られない場合は、とりあえず放置しておくのがいいかな。

POINT!
インターネットでは誰もが多重人格になれるのだ。
振りまわされないように気をつけるべし！

Q20 

同じような投稿《とうこう》を他のサイトでもたくさん見かけるんだけど?

A20 

それは迷惑7人衆の5人目、マルチポストだ。
あちこちに同じ書きこみをすると嫌がられるぞ!

Chiki's Voice

あちこちのサイトに同じコメントを残す行為は「マルチポスト」と言って嫌われているんだ。議論の流れを気にしない、宣伝目的の自己中心的な投稿が多いためだ。

初心者の人が本当に困っていて、ベテランの人に何かを質問したかった場合でも同じ。なぜって、せっかく誰かが親切で教えても、別のところでもう答えられていたりすると、二度手間《にどでま》になって、感謝もされなかったりするからね。

ただでさえネット上では「初心者ですが」と前置きをして質問ばかりする人のことを「教えて君」と言って嫌うムードがある。ネット上にはたくさんの情報がすでにあるから、だいたいのことは調べればわかる。にもかかわらず、自分で調べもしないで質問をするということは、調べる力がないか、他人に頼るだけの人だと思われてしまうからだ。

何か聞きたいことがあったら、質問専用の掲示板を探して書きこむのがいいだろう。その際も、自分で調べてわからなかったことだけを聞くのが礼儀。「何がわからないのかわかりません」という状態では、誰も何も答えられないからね。

POINT!

「何がわからないかわかりません」では、
どう答えていいかもわかるわけがないのだ。
だいたいのことは自分で調べて済ませるべし！

Q21

広告メッセージが大量に投稿されているんだけど?

A21

それは業者によるコメントスパムだね。
あちこちの掲示板に広告の書きこみを行っているんだ。
無視して削除しよう!

Chiki's Voice

スパムというのは前にも説明したとおり「ほしくもないのに、無差別に大量に送りつけられる」という意味のネット用語だったね。で、コメントスパムとは、そのサイトの内容や会話の流れと関係ない広告を無差別にたくさん投稿することだ。

ブログの場合、広告を一人でも多くの人に見てもらおうと、手当たり次第まったく関係のないブログにトラックバックを送る「トラックバックスパム」というのもある。それらスパムには、「このサイトおすすめですよ!」とか「ランキングにあなたも参加しませんか!」というような内容のコメントと一緒に、宣伝のためにURLが貼ってあることがほとんどだ。

インターネットの世界では、よいものは自然に広がっていき、悪いものは自然に減っていく、という発想が根強くある。だから、「コメントスパム」や「トラックバックスパム」のように、よくもないものを強引に広めようとするような行為はとても嫌われているんだ。「自作自演」をして何かのランキングを操作したり、「工作《こうさく》」をして誰かに得になるようなムードを強引につくろうとしたりするのも同じだね。しかもそういう嫌われるような行為をするサイトだから、つまらないサイトか、人をだましてお金をとろうとするサイトが多い。だからそういうURLはクリックせず無視すればいい。ほとんどのスパムコメントは、同じ文章をあちこちに貼っているため、全然関係のないコメントであることが多いから、すぐわかると思うよ。

POINT!

宣伝したい人、かまってほしい人が
あちこちに出没しているのだ。
見慣れた光景としてやりすごすべし！

Q22

知ってる人の住所や本名が書きこまれている。どうすればいい？

A22

それは迷惑7人衆の6人目、「晒《さら》し」だね。
実生活に影響が出たり、精神的にダメージを受けるなら、大人に相談だ！

Chiki's Voice

「晒し」とは、公開されていない情報を、本人の意思に反して電子掲示板などで広く公開することだ。「晒し」が行われる理由は、単なる嫌がらせ目的だったり、「悪いことをした人への罰」のつもりだったりといろいろだ。多くの場合、自分が望まない情報流出は、悪い評判と一緒に出まわってしまうため、本人にとってものすごくつらい状況をもたらしてしまう。

普段の会話は「残さないと消えていく」よね。でも掲示板などでの会話は、「消さなければ残っていく」んだ。誰かがどこかの掲示板に個人情報などを書きこんだら、それは検索サイトや他のサイトにどんどん広がっていってしまうというわけ。

もし個人情報が晒されてしまって困る場合は、個別のサイトやそのサイトのプロバイダなどに対して削除の要求をする必要がある。また、必要に応じて、警察や弁護士に相談したり、晒し行為を行った人に対して訴訟をおこしたりすることもできる。

ただし、もともとインターネットというのは、どんどん情報をつなげて、共有するという役割のもの。だからこそ、いちど書かれた情報を、インターネット上から完全に削除するのは、とてもむずかしいことだし、大変な手間がかかるんだ。安易に人の情報を晒さないようにしようね。

POINT!

一度共有された情報を
なかったことにするのはむずかしいのだ。

Q23

いつまでも僕の悪口を書く人がいる。どうすればいい？

A23

迷惑7人衆の最後の1人、「粘着《ねんちゃく》」だ。
ネバネバしつこくまとわりつくから、ストレスにならない程度に距離をとりなおそう!

Chiki's Voice

「粘着」というのは、特定の人などに対してしつこく嫌がらせや悪口の書きこみなどを繰りかえすこと。しつこくベタベタとまとわりつくところから、「粘着」と呼ばれている。

インターネット上にはいろんな人がいて、いろんな出会いを経験できる。ということは、「ちっとも意見があわない人」「なんだかとても面倒くさい人」「ものすごく不愉快な人」とも出会う場合があるということだ。掲示板に名ざしで悪口を書いたり、オンラインゲームなどでしつこく邪魔したり、何度もメールを送りつけたりと、わざわざ君のところにやってきて、嫌がらせを繰りかえす人ともときには出会うかもしれない。

強い悪意を向けられているということが伝わるだけでも、人にとってはものすごいストレスになる。やめてほしいと願っても、叩いたりしつこくつきまとうことが目的になっていて、会話が通じない場合も多い。また、正義感で行っている場合もあれば、逆に完全に開き直っていたりする場合もあるから、困りもの。

直接の害がないのなら、そういうサイトを見ないことによってストレスを避けることはできる。

場合によってはその人がサイトを訪問することを禁止したり、メールを受信拒否したりする必要もあるだろう。悪口を書かれたり、あることないことを書かれたりというのが度をこしているような場合は、「晒し」や「荒らし」対策として管理人や大人に頼ろう。

POINT!

ネットでは君の「常識」がぜんぜん通用しない人ともたくさん出会うのだ。用心するべし！

Q24

ネットって困り者ばかりみたい。使わないほうがいいのかな？

A24

そんなことはまったくない。
インターネットを有意義に使うためにも、「出会い方」をコントロールするんだ!

Chiki's Voice

ここまで「あまり好ましくない出会い」の7つのパターンを紹介してきた。それは別に、ネットが危険だと言いたいわけじゃない。むしろ逆で、これらのパターンを避けながら利用すれば、楽しく交流ができるってことが言いたかったんだ。もちろん、君自身がそういう振《ふ》る舞《ま》いをしないようにも気をつけてほしいけれどね。

インターネットは人とどんどんつながることのできる道具だ。その道具を使いこなすためには、僕たちは「出会い方」をコントロールする必要がある。

嫌なつながり方をしないように注意し、かといってあまりにいろいろなものとつながりすぎてヘトヘトになることにも気をつけながら、インターネットを使いこなしてほしい。最初にも言ったように、インターネットはうまく使えば、君の大きな助けになってくれるからね。

POINT!

いい出会いとよくない出会いがあるのだ。
上手にコントロールして楽しむべし！

第4章

つながりの市場

ネットでもお金と信頼は大事だよ!の巻

第4章

ネットショッピングのコツ

「ネット上で知りあった人と趣味の話題で盛りあがったら、いろいろオススメの本を教えてもらったよ!　近所の本屋になかったから、ネットで買ってみようかな」

「インターネットを使えば、買い物もできるのよね?」

「その通り。インターネットのおかげで、買い物もとても便利になったよね」

「普段の買い物と比べて、どう便利なの?」

「インターネットを使えば、値段や内容を比較《ひかく》することもできるよね。価格を比較してくれるサイトはたくさんあるから、検索してみるといい。それに、家にいながら海外の店からだって購入《こうにゅう》できたりするし、通販サイトによっては、バーゲンやポイントサービスなども充実している」

「もしかして、良い事ずくめ?」

「いや、現実の店には商品が手にとれるという長所があるよね。ネットならではの短所や、気をつけなきゃいけないこともある」

「そっかー。たとえばどんな?」

「ネットだと、実際の商品を見比べられないから、こまかい雰囲気が伝わりにくいとか?」

「それもあるね。あと、当たり前のことだけれど、買い物をするということはそこにお金のやりとりが生まれるということ。お金のやりとりは、何かとトラブルを生みやすいよね。特にインターネットでは、顔をあわせない者同士がお金のやりとりをするし、商品が手元に届くまで確認できないからなおさらだ。中には匿名であることを利用して人のお金をだましとろうとする人もいる」

「またそんな悪いことをする人がいるの?　許せないったらありゃしない!」

「せっかくお金を使うんだったら、嫌な思いはしたくないよね。そこで、この章では特にネットショッピングのコツを紹介しておこう」

Q25

ネットの買い物で気をつけることは?

A25

「価格や内容をよく比較する」

「評判を調べる」

「無理のない買い物プラン」

の3つに気をつけて、ステキなアイテムをゲットしよう!

Chiki's Voice

せっかくお金を使って買い物をするのだから、失敗なくほしいものを手に入れたいよね。ネットでの買い物を楽しむコツはいくつかあるけれど、特に覚えておくべき3つのポイントを紹介しよう。

まずは「価格や内容をよく比較する」ということ。インターネットの買い物サイトには、詳しい製品情報が載《の》っているだけでなく、複数の商品や店舗《てんぽ》を比較することができるサイトまである。じっくり見比べて、納得できたものを買おう。たくさんの店や商品を同時に比べられるのは、ネットならではの買い方だね。

次に「評判を調べる」ということ。ここでも検索が活躍《かつやく》する。気になる商品の評判、購入を考えているサイトや店舗、販売者の評判などを調べて、間違いのないようにしよう。ネットは口コミを目に見えるようにしてくれるから、利用しない手はないよ。

そして、「無理のない買い物プランをたてる」ということ。買い物しすぎてカード破産《はさん》するとか、支払えなくて相手に迷惑をかけるということがないようにしよう。

未成年のうちはクレジットカードをつくることができないし、多くの支払いは保護者がすることになるから、よく相談して買い物するように。

POINT!

お金は大事なのだ。
とくにインターネットの買い物は注意するべし！

Q26

クリックしたら
「2日以内に6万円払わないと
家に行きます」という画面が出てきた。
払わないと捕《つか》まっちゃうのかな。

A26

はははは。典型的なワンクリック詐欺《さぎ》だね。
見ない、払わない、連絡しない、の3点を徹底しよう!

Chiki's Voice

インターネット上には、ワンクリック詐欺と呼ばれるたくさんのだましサイトがある。サイトを開き、「入り口」や「ENTER」などのボタンをクリックすると、とつぜんお金を要求されるというものが多い。「ご入会ありがとうございます」「あなたの個人情報を取得しました」「2日以内に振りこんでください」「払わないと会社や自宅に回収にうかがいます」などと、多くのサイトは、こういう脅《おど》し文句を並べているから、何も知らないとあわててしまう。中には「電《でん》子《し》消《しよう》費《ひ》者《しや》契《けい》約《やく》法《ほう》に基づいた契約」や「ワンクリック詐欺ではない」なんて、わざわざ書きそえている場合もあるほど。こういうサイトを開いてしまった人からの専門機関への相談は、2008年現在、毎月数百件をこえているんだ。

また、「ワンクリック詐欺」と同じく、「ツークリック詐欺」と呼ばれるパターンもある。サイトに入る前にニセの利用規約や確認画面を表示することで、ちゃんとした契約が行われたかのように演出をするものだ。自動的に確認画面から請求画面に切り替わったり、「はい」「いいえ」どちらをクリックしても結局は請求されたりと、実にいやらしい手を使ってくる。

覚えておいてほしいのは、こうした詐欺サイトはすべて、契約が成立したように見せているだけで、法的には契約が成立しているというわけではまったくないということだ。請求書が来ることはないから、安心していい。

POINT!

ネットにも詐欺師がたくさんいるのだ。
だまされてお金を払ったりしないよう、
あやしいサイトを見抜くべし！

Q27

ワンクリック詐欺はどうやって見ぬけばいいの?

A27

詐欺情報のまとめサイトを検索しよう!

まともなビジネスなら、脅《おど》し文句をつけてくるわけがないし、いちいちあとで回収に来るなんて面倒なことをするわけがない。

Chiki's Voice

　そもそもインターネットでは、お金が振りこまれたのを確認してからサービスを受けられるようになるのが普通。お金を受けとる前にサイトだけ見せて、逃げられたらいちいち追いかけて請求して……、なんてやっていたらきりがないからね。サイトを見たあとで要求されたり、規約が小さくて読めず、承認する作業もないようなサイトは、疑ってかかっていい。

　それらのおかしな請求をしてくるサイトへの対応としては、基本的に無視が一番だ。ただし、サイトを開いた際にパソコンにこっそりプログラムをインストールして、料金の請求メッセージを何度も表示したり、そのプログラムから個人情報を抜きとってメールを送りつけてくるような、かなり悪質な場合もあるので注意は必要だ。

　それから、現在では詐欺サイトのことをまとめたサイトなどもあるから、気になるようならその脅し文句が掲載されているサイトの評判を検索してみるといい。きっと助けになってくれるはずだよ。

POINT!

悩んだときには「みんな」の力を使うのだ。
検索や質問掲示板を使って、
詐欺師をまる裸にすべし！

Q28

「個人情報を取得しました」
と画面に出てきた。
どうすればいい?

A28

ただのハッタリ。

お金を請求されても払う必要はないから、あわてずにやりすごそう!

Chiki's Voice

ワンクリック詐欺などでよくあるのが、「個人情報を取得しました」という脅し文句だ。しかし、ただアクセスしただけで個人情報を抜かれるということは通常ありえない。

よく、「あなたのIPアドレスを取得しました」なんて脅すサイトがあるけれど、それは無視していい。コンピューターを識別するためのIPアドレスとか契約しているプロバイダとか、使っているソフトがウィンドウズのいくつだとか、画面のサイズがいくつだとかいう程度の情報は、実はサイトを見ているときには常に相手に伝えている情報なんだ。

けれど、それだけで個人が特定されたりすることはまずありえない。犯罪捜査などで、正式な手続きをした機関がプロバイダに問い合わせることはできるけれど、詐欺サイトがそれをすることはまずない。自分たちが捕まっちゃうからね。

ワンクリック詐欺には、特にアダルト系や出会い系のサイト、動画共有サイトや闇《やみ》の情報サイトなどを装ったものが多い。

ワンクリック詐欺は、「裏」や「エロ」などをキーワードに、ついつい見たくなるという人間の心理、そして簡単には人に相談できないようなうしろめたさを利用している。

もちろん、そういう心理を利用した詐欺なので、実際にお金を払う必要はないし、もしどうしても不安なときには、大人を通じて警察などに相談するのがいい。

普段から、利用規約《りようきやく》などをよく読むことも忘れないようにね。

POINT!

ニセモノサイトの請求も、結局はニセモノなのだ。
あわてずに、笑い飛ばすべし！

Q29

「有料サイト利用料金7万円を

請求します。払わないと、

ブラックリストに載ります」っていう

メールが来たよ？

A29

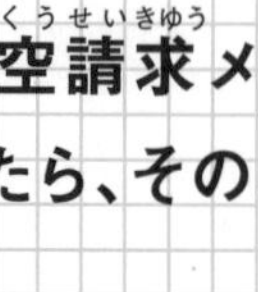

典型的な架《か》空《くう》請《せい》求《きゅう》メールだ。

心配になったら、そのメールの文章を検索してみよう!

Chiki's Voice

架空請求とは、根拠《こんきょ》のない請求でお金などをだましとることだ。いかにもありそうなサイトの名前を名乗ったり、裁判所や警察の名前を騙《かた》ったりしながら、「自分はこのサイトを見たのかも」「払わないと大変なことになるかも」と思わせ、連絡をとらせようとしたり、お金を振りこませようとしたりするんだ。中には「退会はこちら」なんてリンクを用意して、なんとかして君にサイトを見せようとするものまである。

もし心当たりがなくても、問い合わせの電話をしたりメールで返信をしたりもしないほうがいい。それだけで「だましやすい人」と思われて今後も目をつけられたり、他の業者に名前を知らされたりするからね。

もちろん、あわててお金を払ったりしてもダメ。架空の請求なので、無視しても訴《うった》えられたり、何か実際にひどいめにあうということはほとんどありえないしね。

また、メールにそえられているURLがあっても、開かないほうがいい。

もしあやしいメールが届いたら、掲載されていたメールの文章や電話番号、メールアドレス、住所、企業名などで検索してみるといいだろう。ネット上には架空請求メールやスパムメールなどの情報を共有したり、架空請求かどうかを教えてくれるようなサイトもたくさんあるから、きっと助けになる。心配な場合は、証拠を保存したうえで、大人を通じて警察などに相談するのがいいよ。

POINT!

「うしろめたさ」につけこむ
ケチな悪人がネットにもいるのだ。
あやしいメールはすべて検索すべし！

Q30

「フィッシング詐欺」ってどんなもの?

A30

銀行などの企業メールのフリをして本物そっくりのサイトにアクセスさせ、カード番号やパスワードなどの個人情報を入力させようとするもの。

本物のサイトを調べて、情報を確認しよう。

Chiki's Voice

銀行などの企業メールのフリをして本物そっくりのサイトにアクセスさせ、カード番号やパスワードなどの個人情報を入力させようとする「フィッシング詐欺」というものもある。これはけっこう厄介《やっかい》で、メールの文章やサイトの見た目だけを比べても、見分けがつかないこともあるんだ。サイトのURLも本物そっくりになっていたりして、とても悪質。今では年間で数千万通ものフィッシング詐欺メールが飛びかっている。

対策としては、金融機関がメールなどで個人情報を聞いてくることはまずないから、とつぜん前触《まえぶ》れもなくメールを送ってきたり、パスワードなどを要求してくる不自然なメールが来たら、実際のサイトや窓口から本物の企業に問い合わせて確認するなどしたほうがいい。

また、個人情報を入力するページでは、暗号化して通信を行っていることを確認するマークがブラウザに表示されるようになっているから、確認するクセをつけたほうがいいだろう。くれぐれも、見た目だけにだまされないようにね。

POINT!

インターネットでは架空のページや
請求をつくるのも簡単なのだ。
最新のネット犯罪動向にもアンテナを張るべし！

Q31 

その他にはどんなトラブルがある?

A31 

金銭をやりとりする場合は、ネットだろうとリアルの店舗だろうと油断《ゆだん》は禁物。

かしこく使いこなすために、ネットの力を活用しよう!

Chiki's Voice

金銭をめぐるトラブルは多くある。特に多いのは、オークションサイトでのトラブルだろう。取引相手が失礼な人だったり、商品の到着に思った以上に時間がかかったり、送られた商品がひどい状態だったりというものから、そもそもウソの商品だったり、ニセの連絡先を書いていたりとさまざまだ。

詐欺でもオークションでも何にでも言えることなんだけれど、インターネット上でお金のやりとりをするときには、「相手を確認すること」「商品を確認すること」「金額を確認すること」が大事。さらにそれに加えて「それらの情報を保存しておくこと」も、重要だ。

もちろん、信頼のできるオークションサイトを使うというのは大前提だ。それらオークションを行うサイトでは、普通、出品者や取引相手の評判を知ることができる。インターネット上であまりに評判が悪いサイトや出品者は、トラブルにつながる可能性が高いと判断できるよね。自分の評価を「自作自演」で高くしているような人もいるから、それも含めてちゃんと調べるのがいい。

インターネット上でだまされないコツ、そしてどんどんかしこくなるためのコツは、実はたったひとつ。それは、「とにかく検索する」。やっぱりこれにつきるよ。

商品の評判を調べる。サイトを調べる。あやしい文章について調べる。その反応を調べる。検索することで、わからないことをどんどん覚えていこう。

POINT!

お金で人は鬼にもなるのだ。
トラブルを避けて、福を得るべし!

インターネットってどういう仕組みになってるの?

僕たちはインターネットの世界を飛びまわっているとき、一体どういう仕組みで情報を受けとっているんだろうか。

インターネットでよく見かけるアドレスは、「http://www.google.co.jp/」というようなものだね。

だけど、本当は「IP アドレス」といって、「72.14.203.104」というような数字の並びが、サイトの住所なんだ。

しかし人間にとって、ただの数字の並びというのはとても覚えにくい。たとえば「渋谷のイチマルキューに集合ね」というのはすぐ覚えられても、「東京都渋谷区道玄坂2-29-1 に集合ね」と言われたら、なかなかピンとこないよね。

だからインターネットのサイトには、誰でも覚えやすいように、「google.co.jp」とか「yahoo.co.jp」とか、わかりやすい名前を別につけることにした。こういう名前のことを「ドメイン」って言うんだ。

でも、実際に手紙を書いたり、地図から目的地を探したりするためには、やっぱり「東京都～」という住所を知らないといけないよね。それと同じで、インターネットも、「72.14.203.104」というIP アドレスがわからないと、目的のページは表示されない。

それを解決してくれるのがDNS（ドメイン・ネーム・システム）サーバと呼ばれるコンピューターだ。DNS サーバは、ドメイン名を、住所にあたるIP アドレスの数字の列に変換してくれるんだ。

僕たちがインターネットを見るためのソフトを通じて、DNS サーバに「http://www.google.co.jp/ のIP アドレスを教えて」とたずねると、DNS サーバは「72.14.203.104 ですよー」って教えてくれる。DNS サーバがあるから、いちいちドメインとIP アドレスの対応を覚えなくても、サイトのデータをもらうことができるというわけ。

mini column

第5章

語りの塔

君の発言で世界を変えろ!の巻

第５章
サイトをつくる

「サイトを見ていると、なんだか自分でもつくれそうな気がしてきたよ!」

「うん。今度はサイトをつくってみようかな」

「ステキだね。インターネット上では、誰もが自分用のページをつくることができるからね。日記を書いたり、自己紹介をしたり、映像や音楽などの作品を発表したり、みんなで集まれる場所をつくったり。二人は、どんなサイトをつくりたい?」

「面白いサイトやニュース、動画について語りあえるようなサイトをつくりたいな。同じ趣味をもった人に見にきてほしい。たまにはニュースについていろいろ書いてみたいしね」

「なるほど。ネット上には今、1億をこえるウェブページが存在していて、今もなおどんどん増えつづけている。その中には、これから君がつくるページも加わるかもしれない。君自身が、人と人とをつなげていくことができるようになるんだもの。本当にやりがいのあることだと思うよ」

「わたしは、友だちと集まるサイトをつくったり、新しい友だちと知りあうためのサイトをつくったりしたいわ。せっかくのインターネット、仲良くなるために使わなきゃもったいないもの」

「そうだね。忘れないでほしいのは、君にとって望ましい情報は、誰かにとって望ましくない情報かもしれないということだ。君の発言には責任がともなうし、サイトが荒れないようにしっかり管理する必要もある。誰かが掲示板に悪口などを書いたことを放置したために訴えられてしまった、というようなこともたくさんあるからね」

「ただ掲示板などでやりとりする以上に、責任があるってことだね」

「その通り。でも、逆にいえば自分のサイトをつくるということには、その責任を負うだけの魅力があるということだ。うまくサイトを管理するコツを覚えて、思いっきり楽しんでみよう!」

Q32

勝手に自分や学校のサイトをつくってもいいの?

A32

全然OK。

もちろん、悪口を言うサイトは避けて、荒れないようにしっかり管理する必要があるよ!

Chiki's Voice

学校の友だち同士で集まるサイトをつくると、いろいろなおしゃべりを共有することができてとっても便利だ。電子掲示板をレンタルしたり、SNSの中に「サークル」や「コミュニティ」をつくったりと、方法はいくらでもある。そこでは学校の行事の話、宿題の話、好きな子の話、部活の話、地元の話、ゲームの話など、話題が尽きることはない。サイトでしりとりをしているだけでも、ボケたりしながら楽しくなっちゃうしね。

子どもが学校の友だちと一緒にサイトをつくることを、「学校裏サイト」と呼んで嫌っている大人は多い。彼らは、子ども同士がサイトを使うのは危険で、そういうサイトは、いじめやわいせつな情報ばかりで埋めつくされてしまうと思いこんでいる。

たしかに、学校の友だちの悪口を書いていじめたり、悪口の度がすぎて警察が出てきたり、ときには退学になってしまった例もある。だから使い方には注意が必要だし、もしもひどくサイトが荒れてしまった場合には親、先生、警察《けいさつ》、弁護士《べんごし》など大人に相談して、必要な対応をするべきだ。

でも、実際に学校の友だちと有意義な利用をしているサイトもたくさんある。つまり学校の友だちとつくるサイトは、仲良くするためにも、仲を悪くするためにも、どちらにも使えるわけ。そのどちらになるかは、運営の仕方にかかっている。もし先生や親に注意されても「ちゃんとした使い方をしている」と言えるように、しっかりと運営をしてほしい。

POINT!

サイトの管理人には、楽しみも苦労も両方あるのだ。
サイトとともに成長すべし！

Q33

学校サイトの管理で注意することは何?

A33

学校の友だちとつくるサイトは、仲良くするためにも、仲を悪くするためにも、どちらにも使える。
運営のコツを7つ教えよう!

Chiki's Voice

管理人は、そのサイトの雰囲気をよくするために、ムードメーカーのような役割を求められる。注意をしたり、仲裁《ちゅうさい》をしたり、コメントを削除したりしながら、その場がステキな空間になるように調整する必要があるんだ。荒れにくくし、適切なムードをつくるためのコツを伝授《でんじゅ》しよう。

①どういう話題について話しあうか、ちょうどいいテーマを提供すること。悪口を言いあうような流れができそうになったら注意すること。

②迷惑な書きこみは早めに削除し、必要に応じて注意をしたり、アクセス拒否をすること。

③荒らし対応のためにも、機能的で評判のよいサービスを利用すること。スパムメッセージ対策や個人特定がしやすいサイトなどがいい。

④フリーのアドレスなどで管理人への連絡方法をつくっておくこと。

⑤デザインに気をつかうこと。サイトのデザインはけっこうムードに影響するよ。センスがよい明るいサイトは荒れにくい。

⑥目的にあったサイト形式を使うこと。仲間内でわいわい語りあうなら、匿名で一般に公開されている掲示板やプロフサイトのゲストブックより、SNSのほうがあっているかもしれない。誰でも利用できるサイトにするか、無関係な人がこないようにパスワードをかけるかを検討すること。

⑦使わなくなった学校サイトはなるべく閉鎖《へいさ》すること。時間がたつと「恥ずかしい過去」になるかもしれないし、放置しておくと荒れてしまうからね。要は、ちゃんとあと片づけをしようってことだ。

POINT!

インターネットの書きこみだって、
やっぱり人づきあいが大事なのだ。
場のムードに気を使うべし！

Q34

動画共有サイトには
どんな動画を
投稿してもいいの?

A34

その動画が誰かの権利《けんり》を侵害《しんがい》したりするかもしれない。みんなが楽しめるような形で使いこなそう!

Chiki's Voice

インターネットが一般的になり、大きな容量のものでも簡単に見ることができるようになった現在、特に人気なのが動画共有サイトだ。動画共有サイトには、公開している人が自分で撮影した映像だけでなく、アニメやドラマ、音楽、バラエティなど、さまざまな動画が共有されている。中にはそれらの動画をもう一度編集《へんしゅう》して、もっとおもしろおかしくしたものまである。

インターネットの世界には「共有することはよいことだ」という発想が根強くある。インターネット上ではすごく便利なプログラムも無料で公開されているし、誰かがプログラムを独占するのではなく、みんなが手を加えられることによってつくられたものもたくさんある。

そうやって誰かがつくったものをコピーし、共有し、さらによいものへとつくり変えていこうとする考えが、インターネットの今をつくったといっても言いすぎではない。だからインターネットで、誰もが簡単に動画を投稿でき、共有することができるサービスが登場し、一気《いつき》に流行したのは当然だったのかもしれない。

でも、そういう「コピーして広めていくことを前提《ぜんてい》にする」という発想と、たとえば「著作権《ちよさくけん》」などの、インターネットが生まれる前の社会で多くの人が前提としてきた法律やルールなどとは、場合によっては衝突《しようとつ》することがある。著作権のように、インターネットが登場することを想定していなかった時代の法律やルールなどは、これからどんどん変えられていくと思う。

でもそれ以外にも、誰かにとって共有したい動画は、別の誰かにとっては勝手に共有されたくない動画かもしれないんだ。もちろん動画だけでなく、画像、文章、音声なども同じこと。

日本でもネット上で学校でのいじめ動画がアップされて大騒ぎになったことが何度もある。動画をアップされた人がショックで学校に行けなくなったり、あるいは動画をアップした人に対してたくさんの人が抗議の電話や「晒し」などを行ったりしている。中国や韓国、アメリカやイギリスなどいろんな国で、いじめ動画をめぐる似たような騒動がおこっていて、インターネットが一般的になった社会での共通の悩みと言えるようになってしまった。

動画の場合、他の文章や写真と違い、発信する情報量も多い。文字と違って動画は、言葉がわからなくても楽しめるものも多いから、海外の人がそれを目にしたり、反応したりすることもある。だからときには、海外の人がその動画をみて、言葉の壁による思わぬ誤解を招いてしまったりもするかもしれない。

このほか、自分で撮影した動画を投稿したのはいいけれど、その内容がバッシングされ、さらには個人が特定されてしまったというようなケースもある。このように、「自分とは異なる解釈《かいしゃく》をする人」に見られることをしっかり考えておかないと、トラブルにつながってしまうこともあるわけだ。発言や投稿をする際には、そのことで誰かが傷つくかどうか、誰かが損をするかどうか、事前に考えるクセをつけておこう。

でも逆に、より多くの人が楽しんでくれるような動画であれば、世界中であっという間に共有されることだってある。インターネットの向こう側にいる「みんな」に、幸せを運ぶか不幸を運ぶかは、君しだいなのだ。

POINT!

誰かの喜びは、誰かの哀しみかもしれないのだ。
管理人は特に気遣《きづか》いを心がけるべし！

Q35

友だちとしたいたずらのことをブログに書いたら、怒った人たちからたくさんコメントが来た。どうしよう？

A35

それは「炎上《えんじょう》」だ。

炎上すると、おもわぬ事故を招いてしまう。インターネットの書きこみはいろんな人に見られていることを覚えておこう!

Chiki's Voice

何かがきっかけとなり、否定的なコメントであふれかえってサイトの管理人だけでは対処《たいしよ》しきれないような状態のことを、「炎上」という。ネット上で不道徳な発言をしたり、軽い気持ちで誰かの悪口を書きこんだりすると、それに怒った人がコメントを書いてきたり、それが広まっていったりすることがある。そのうちただ単に面白がってコメントをする人たちも出てきたりすると、謝っただけではすまないような状態になってしまう場合もある。

インターネットの中では、毎日のようにどこかでもめごとや炎上がおこっている。その中には本人にほとんど責任がないような場合も、とばっちりを食らってしまったような場合もある。たとえばスポーツ選手が試合で失敗して、ファンたちがブログを炎上させにやってきたり、学校のクラスメイトが何か悪さをしたというだけで、関係ない子のブログが燃やされたこともあった。

一般人のブログによくおこる「炎上」のパターンは次のようなもの。たとえば、未成年であるにもかかわらず「タバコを吸《す》ってみました」「お酒を飲んでみました」「誰々に腹が立ったので殴《なぐ》りました」などと不良《ふりよう》自慢《じまん》を日記に書いて炎上するケース、あるいは「オタクって気持ち悪い」など、いろんな人が読む可能性を意識しないで行った不用意な発言によって炎上するケースなどだ。

ブログが炎上すると、ただ否定的なコメントが集まるばかりでない。

「こんなひどいサイトがあった。みんなで叩《たた》こう」といろいろな電子掲示板などで紹介された結果、人がなだれのように集まってきて、個人情報が晒《さら》されたりしてしまうこともある。インターネットはいろんな人とつながる。だから、身内《みうち》だけでなく、君の文章を読んで怒るような人ともつながるというわけ。

この世からもめごとがなくならないように、インターネット上での対策だけで完全に炎上を予防することはむずかしい。また、情報がもれたり炎上の対象になってしまった場合でも、それを救う方法は僕たちの社会には、まだあまりないのが実情だ。とはいっても、たいていの場合は、他人の悪口を書いたり、違法なことなどをしたと書きこまなければ、そこまでの大事にはならないけどね。

もし炎上がおこってしまったら、必要に応じて謝罪などをしたり、必要がなければスルーしたりしながら、火に油を注《そそ》がないように気をつけよう。そうすれば、だいたい数日の間で炎上は収まり、燃やすのが好きな人たちもしだいに飽きて、別のことに興味が移るだろうから。

ところで、炎上事件などがおこったり、何かトラブルが生じたりすると、インターネット上ではしきりに「自己責任《じこせきにん》」という言葉が使われる。「インターネットではウソにだまされたり、ウィルスにかかったり、個人情報をもらしたりしないように気をつけなくてはいけない。それができずに失敗しても自己責任だ」、というようにね。同じように炎上にも、「不用意な発言をしないようにしなさい。もしそれで燃えたとしても、自己責任」というようなムードがある。

「自己責任」ってけっこう危ない言葉だ。誰かをだましたり、晒したり、叩いたりしておきながら、「自己責任」という言葉によって何から何まで本人のせいにしてOKと考えちゃう人も少なくない。相手が悪いのだからどれだけ叩かれてもいいだろうと考える、「罪」と「罰」のバランスが悪すぎる人もいる。でもそんなふうにブログなどを炎上させる人たちがいる以上、自分の発言に気をつけなければならないのは間違いない。

POINT!

読者の怒りに火をつけると、
サイトも火だるまにさせられるのだ。
火傷《やけど》に気をつけるべし!

Q36

プロフには個人情報を書かないほうがいいの?

A36

どの程度の個人情報を出すかは自分で判断。
楽しくすごせる程度にコントロールしよう!

Chiki's Voice

インターネットを利用していれば、ブログ、SNSなどで、自己紹介用のページをつくることがあると思う。中でも「プロフ（サイト）」と呼ばれるような、いくつかの質問に答えるだけで簡単に自己紹介ページがつくれるサービスは大人気だ。

でも、プロフにパスワードをかけていない人は、知らない人に見られてしまう可能性を忘れてはいけない。インターネット上では、パスワードをかけなければ、そのページはあっという間に見ず知らずの人たちにも見られるようになる。ふだんケータイばかり使っているとちょっとわかりにくいかもしれないけれど、パソコンのブラウザから検索すると、無防備なプロフがざくざく出てくる。名前や連絡先、住所、学校名、趣味、写真なども登録されているから、悪用しようと思えばいくらでもできる。しかも、コピーして保存したり、あちこちに転載《てんさい》することも簡単。

自分の個人情報を晒《さら》すということは、それだけ実際の自分に誰もがたどりつきやすくなるということ。たとえばメールアドレスを載せると、自動的にロボットにメールアドレスを収集されて、大量のスパムメールが送られてきたりもするし、プロフと一緒に設置されている掲示板などに粘着してくるような人が出てくるかもしれない。

プロフ、あるいはブログやSNSなどのプロフィールページをつくる場合は、必要以上に情報を載せすぎたり、あるいは誰かの目にとまったらまずいことを書いたりしないように気をつけよう！

POINT!

インターネットは思った以上に広がっているのだ。
どんな人が見ているかわからないから、
個人情報は気をつけてあつかうべし！

インターネットは「心」を変える?

僕たちはよく「インターネットは人の心をどう変えたか」という問いを耳にする。特に子どもをもつ親にとっては、「子どもにインターネットを与えたら、性格がひねくれてしまわないだろうか」というのは大きな心配の種《たね》のひとつだ。

結論から言ってしまえば、インターネットなどの技術や道具は、そう簡単に人の心を変えたりはしない。これまで新しい道具が登場するたびに、「子どもたちが危ない!」「若者がバカになる!」というような議論が繰りかえされてきた。こういう歴史から学べることは、「新しい道具によって人はこう変わる!」というような議論のほとんどがウソくさいということだ。

じゃあ、インターネットがまったく人の心を変化させないかというと、必ずしもそうはいえない。たとえば車を運転しているドライバーは、ちょっと信号で停止したり、目の前の車がノロノロ走っているだけでイライラしてしまうよね。数分前までは自分も歩行者で、乱暴な運転をする車に対して怒っていたとしても、車に乗ると逆に、ノロノロ歩いている歩行者に対してイライラしたりするわけ。

人は、手にする道具に応じてそのたびに世界の見方を変えていく生き物なんだ。手にする道具によっては、それまで普通だったものを「遅い」とか「古い」とか感じるようになるし、その便利さに慣れると今度はその道具がない場所を「不便」だと思うようにもなる。そのような変化について、「心が変わった」と表現する人もいるだろう。それはインターネットについても同じ。

つまり、心そのものが変化するというよりは、道具を通じて世界の見え方が変わり、それを受けて心の動き方や行動が変わる場合があるということだ。もちろん、技術や道具によって、心が振りまわされてしまうこともある。そういうことを避けるためにも、その道具が自分のために何をしてくれるものなのかを自覚したうえで触れていくのがかしこいと思うよ。

mini column

終章

旅立ちの日

一人旅のはじまりなのだ!の巻

終章

一人旅のはじまり

「サイトもつくれたし、本当にいろんなことができるようになったね！次は何しようかな」

「そうねぇ。迷惑なことを避けることも覚えたし、活用するためのコツも覚えたし。友だちともメールやサイトで仲良くやれてるし。ねぇねぇチキ、もっといろいろなこと教えてよ」

「そうだね……といいたいところだけれど、そろそろお別れの時間がやってきたようだよ。ほら、残りページがこんなに少ない！」

「えー？　まだまだいろんなことを試してみたいのにぃ」

「もう覚えるべきことはないってこと？」

「まだまだいろんな面白い使い方や、気をつけなきゃいけないことはたくさんあるよ。それにインターネットはどんどん成長しているから、この本には書かれていないようなケースも増えてくるだろう。でも、基本的にはこれまでこの本に書いてきたようなことを覚えてさえいれば大丈夫」

「ちょっと心細《こころぼそ》いなぁ」

「もう少し教えてくれたっていいのに」

「インターネットの世界は基本的に一人で旅するものだ。ケータイをいじるとき、パソコンをいじるとき、多くの場合は一人で画面と向きあっているはずだ。でも、必要に応じて『みんな』とつながることで、問題を解決したり、成長することができる。それはなぜかといえば……」

「インターネットは、人や情報をつなげてくれる道具。すべてのものを情報に変え、目に見える形にし、残していく。だよね?」

「その通り!　だから……」

「検索や『みんなの知恵』を使いこなしていけば、インターネットの世界もこわくない。そうよね?」

「大正解!　バッチリじゃないの。そのことを忘れなければ、もっとうまい使い方を、君自身が見つけることができるだろう。そうしたら今度は、僕みたいな年上の人たちや、これからインターネットを使うことになる年下の人たちにも教えてあげられるようになってほしい」

「そっか。今度は僕たちが、教える側、つくる側にまわっていくんだもんね」

「そのうち、ケータイやネットで育った子が、親になって、そのまた子どもに教えていくのね」

「そうそう。インターネットの世界はとにかく広く、まだまだ君たちも、そして僕たちも見たことのない景色がたくさんある。インターネットはま

だ生まれて間もない技術だから、未熟なところもたくさんあるし、トラブルだってたくさんある。また、そこでのトラブルに社会が対応しきれない部分もたくさんある」

「これからもどんどん変わっていくだろうしね」

「でも、ここで学んだことは、困《こま》ったときにはきっと助けになってくれるし、この社会だってそんなトラブルを、なんとか解決しながら前に進んでいくはずだ。だから僕たちも、まずは一緒に歩きだそう」

「わかった。インターネットを使いこなして、ぜったい今の大人たちよりも成長して見せるからね」

「それに、もっともっとインターネットを面白くしていくから、楽しみにしていてね！」

「うん、楽しみにしているよ。さて、そろそろ出発の時間がやってきたみたいだね。事故にくれぐれも気をつけて、思いっきり楽しんできてね。行ってらっしゃい！」

「行ってきます！」

Good《グッド》 Luck《ラック》!!

保護者の方へ

「子どもたちにインターネットをさせることはいいことか」

これは、大きく意見が分かれる論点です。みなさんご存じの通り、「新しい時代」「これまでになかった感性の育成」を強調して積極的にすすめる人もいれば、「さまざまな危険性」「人格形成への負の影響」を強調して警鐘《けいしょう》を鳴らす人もいます。

僕自身は、子どもの頃からケータイやパソコンに親しんできた最初の世代のひとりで、ケータイやパソコンのおかげで、豊かな出会いをたくさん味わってきたと胸を張って言えます。だからもちろん、僕たちの「後輩」が、ケータイやパソコンに若いうちから触れることに基本的には賛成したいし、自分が得てきたものを「後輩」たちにも残したいと思っています。

けれども、当然のことながらそれは「多くの人が実際にどう使うのか」、そして「社会がどれだけの準備をしているのか」によって変わります。たとえば多くの人が、結局いじめや中傷にしか使わなくて、結果的に悪い影響ばかりしか与えないのであれば、インターネットなんてないほうがいいと思います。また、危険がいっぱいあるにもかかわらず、社会がいつまでたっても何の手助けもできないのであれば、とてもおすすめはできません。

でも、僕たちはすでに、インターネットが多くのよい影響や豊かな文化をもたらしてきたことを知っています。また、僕自身も多くのさまざまな失敗をしたからこそ、多くの危険性も同時に持ちあわせていることを知っていますが、それを補《おぎな》ってあまりあるすばらしい体験を生んでいることも知っています。だから、多くの人が「豊かな使い方」ができるようにするための努力も意味がある、そう考えます。

現在、子どもたちの多くが、すでにケータイやパソコンに触れ、インターネットの世界を生きています。だからこの本は、「子どもたちにインターネットをさせることはいいことか」という問い自体から距離をとりました。それはそれで必要な議論ですが、その問いについて議論をしている間にも、すでに多くの子どもたちがインターネットを使い、そして次の世代、その次の世代もまた、どんどん新しいメディアに触れていくからです。

であれば、今子どもたちのことについて考えるのであれば、「使い方のレクチャー」と「制度の準備」の両方を同時に進めなくてはなりません。ただ単に「新しいメディアと若い世代はこんなにあぶない」と主張するだけで、結局なにも若い世代に用意しないのは、「大人」として恥ずかしい。また、用意したつもりになっても、結局は役に立たない言葉や、豊かな文化を阻害《そがい》するような制度では、まったく意味がないでしょう。

たしかに「使わせない」というのもひとつの選択です。保護者の重要な役割のひとつは、子どもに余計な情報や危険性が入ってこないようにすることですから。でもそれは同時に、それらの情報や危険性と、どう向きあっていくかを教えることも求められているということです。

「危険な面」ばかりを強調してケータイやパソコンをとりあげることは簡単ですが、それは根本的な解決にはならないし、いつまでたっても子どもが、未来が、育ちません。

子どもはいつか保護者の手を離れ、「一人旅」をはじめます。その旅支度の準備をするなら、保護者が見守っているうちにさせてあげたほうがいいのではないでしょうか。危険な目にあう可能性は、大人や「先輩」が教えてあげたり、環境を整える努力をすることで改善できるはずです。だから本書はインターネットを、危険を避けながら最大限楽しむことができるようにするために書きました。

ぜひ、この本を使って、「子ども」と「インターネット」について考えてください。本書に不足しているケースや視点は、「みんな」で補《おぎな》っていきましょう。一人の「先輩」として、この本が少しでも役に立てたなら、これ以上うれしいことはありません。

装丁・本文レイアウト
尾原史和・阿部智佳子（SOUP DESIGN）

イラスト
師岡とおる

荻上チキ（おぎうえ・ちき）
1981年生まれ。評論家。政治経済、社会問題から文化現象まで、幅広く取材・論評するかたわら、社会学者・芹沢一也、経済学者・飯田泰之と共に株式会社シノドスを設立。メールマガジン「αシノドス」、ニュースサイト「シノドス」編集長。TBSラジオ「荻上チキ・Session - 22」パーソナリティ。著書に『ウェブ炎上』（ちくま新書）、『ネットいじめ』（PHP新書）などがある。

12歳からのインターネット～ウェブとのつきあい方を学ぶ36の質問

2008年6月16日　初版第1刷発行
2016年9月16日　初版第2刷発行

著　者　荻上チキ
発行者　三島邦弘
発行所　株式会社ミシマ社
郵便番号 152-0035　東京都目黒区自由が丘2-6-13
電話：03-3724-5616　FAX：03-3724-5618
e-mail　hatena@mishimasha.com
URL　http://www.mishimasha.com/
振替　00160-1-372976

印刷・製本（株）シナノ
組版　（有）アトリエゼロ

ISBN 978-4-903908-06-9 C0036

好評既刊

THE BOOKS

365人の本屋さんがどうしても届けたい「この一冊」

ミシマ社編

おもしろい本はまだまだある！

365書店の「達人」が心からオススメする365冊。
本屋巡りの旅に出たくなる、ブック＆書店ガイド。

ISBN：978-4-903908-37-3　1500円

THE BOOKS green

365人の本屋さんが中高生に心から推す「この一冊」

ミシマ社編

一冊の本が人生を変える。

未来は読書にあり。前著『THE BOOKS』とは違う365書店、
365人の手書きPOPで味わう、ブック＆書店ガイド。

ISBN：978-4-903908-60-1　1500円

みちこさん英語をやりなおす

am・is・areでつまずいたあなたへ

益田ミリ

英語入門の前に読む入門書、誕生！

「わかったふり」をせずに時間をかけて英語を学ぶと、
日本語も、人生も、再発見できる！！

ISBN：978-4-903908-50-2　1500円

（価格税別）